BEI GRIN MACHT SICH IHR WISSEN BEZAHLT

- Wir veröffentlichen Ihre Hausarbeit,
  Bachelor- und Masterarbeit

- Ihr eigenes eBook und Buch -
  weltweit in allen wichtigen Shops

- Verdienen Sie an jedem Verkauf

Jetzt bei www.GRIN.com hochladen
und kostenlos publizieren

Bibliografische Information der Deutschen Nationalbibliothek:

Die Deutsche Bibliothek verzeichnet diese Publikation in der Deutschen National-
bibliografie; detaillierte bibliografische Daten sind im Internet über http://dnb.d-
nb.de/ abrufbar.

Dieses Werk sowie alle darin enthaltenen einzelnen Beiträge und Abbildungen
sind urheberrechtlich geschützt. Jede Verwertung, die nicht ausdrücklich vom
Urheberrechtsschutz zugelassen ist, bedarf der vorherigen Zustimmung des Verla-
ges. Das gilt insbesondere für Vervielfältigungen, Bearbeitungen, Übersetzungen,
Mikroverfilmungen, Auswertungen durch Datenbanken und für die Einspeicherung
und Verarbeitung in elektronische Systeme. Alle Rechte, auch die des auszugsweisen
Nachdrucks, der fotomechanischen Wiedergabe (einschließlich Mikrokopie) sowie
der Auswertung durch Datenbanken oder ähnliche Einrichtungen, vorbehalten.

Impressum:

Copyright © 2010 GRIN Verlag
Druck und Bindung: Books on Demand GmbH, Norderstedt Germany
ISBN: 9783640527304

Dieses Buch bei GRIN:

https://www.grin.com/document/144673

Julia Knopp

Eine Kreuzfahrt durch die Nordwestpassage

Hinweise zur Planung einer Seereise durch die Arktis

GRIN Verlag

GRIN - Your knowledge has value

Der GRIN Verlag publiziert seit 1998 wissenschaftliche Arbeiten von Studenten, Hochschullehrern und anderen Akademikern als eBook und gedrucktes Buch. Die Verlagswebsite www.grin.com ist die ideale Plattform zur Veröffentlichung von Hausarbeiten, Abschlussarbeiten, wissenschaftlichen Aufsätzen, Dissertationen und Fachbüchern.

Besuchen Sie uns im Internet:

http://www.grin.com/

http://www.facebook.com/grincom

http://www.twitter.com/grin_com

Eine Kreuzfahrt durch die Nordwestpassage

Hinweise zur Planung einer Seereise durch die Arktis

Erstellt von Julia Knopp

8. Fachsemester Nautik

Wahlpflichtfach Routing

Inhalt

Einleitung

Die Nordwestpassage ist seit 1576, als Martin Frobisher loszog, um den Seeweg zu erschließen, ein beliebtes Expeditionsabenteuer vieler Seeleute und Forscher. Bis 1906 schaffte es jedoch niemand, sie komplett auf einem Kiel zu durchschiffen.

Viele Abenteurer verloren ihr Leben in Schneestürmen und zwischen dem Packeis. Die Royal Navy setze um 1840 ein Preisgeld an, um die Motivation zu steigern, doch endeten die Bestrebungen erfolglos. Dennoch wurde eine befahrbare Strecke durch die Expeditionen von Mc Clure und John Rae kartiert.

1903 startete der Norweger Roald Amundsen im Alter von 31 Jahren seine fast dreijährige Reise.

Als er 1906 in Alaska ankam, brachte er viel brauchbare Erfahrung der Inuit (Eskimos) mit und wurde letztlich zum Entdecker der Nordwestpassage ernannt.

Nach Amundsen durchschifften vor allen Dingen die Kanadier, Russen und Amerikaner die Passage. Insgesamt wurden bis einschließlich 2009 215 Durchfahrten von der kanadischen Küstenwache registriert worden[1].

In meiner Arbeit gebe ich Hinweise, wie man alle relevanten Daten sammelt, um sich sicher auf eine Kreuzfahrt durch die Nordwestpassage zu begeben.

Es ist eine besondere Aufgabe, diesen Seeweg zu durchfahren, nicht nur hinsichtlich der navigatorischen Herausforderungen, sondern auch wegen des großen Politikums um ihn herum.

---

[1] Daten der kanadischen Küstenwache

Die Reiseplanung durch die Nordwestpassage

Wenn man eine Reise von einem Hafen an der Westküste Grönlands nach Alaska plant, bedarf es einiger Vorbereitung:

Man nehme an, man besäße ein taugliches Schiff, das die höchste Eisklasse besitzt und mit sehr guter Sicherheitsausrüstung ausgestattet sei. So reicht es nicht aus eine Mannschaft zu heuern und los zu fahren.

Als Kapitän eines eisklassenzertifizierten Schiffes muss man wissen, welcher Bauordnung mein Schiff unterliegt. Die Eisklassen der Skandinavier beispielsweise legen die Festigkeit von Schiffen bis zu einer Dicke von 1m aus.[2]

Die Russen bauen stärker bis zu 2m. Die USA halten ihre höchste Klasse offen, in dem sie A3 zertifizierte Schiffe für Eisdicken über 1m verstärken.

<u>Die Sicherheit der Reise ist zudem von weiteren Faktoren bestimmt:</u>

1. Kenntnis einer eisfreien Route durch die kanadische Arktis

2. Regionales Kartenmaterial und die Kenntnis dessen Benutzung

3. Zugriff auf aktuelle Wetterdaten, Eisdrift, Packeisvorkommen und Tide

4. Wissen der besonderen Navigation in der Polregion

In den nächsten Seiten werden die oben genannten Punkte abgearbeitet.

---

[2] Daten: http://www.sjofartsverket.se/templates/SFVXPage_____5548.aspx

Ein Weg durchs Eis

Roald Amundsen (1872 bis 1928) beschrieb erfolgreich den ersten Weg vom Nordatlantik zum Pazifik. In der **Abbildung Nr 1** ist der Verlauf der Reiseroute eingezeichnet.

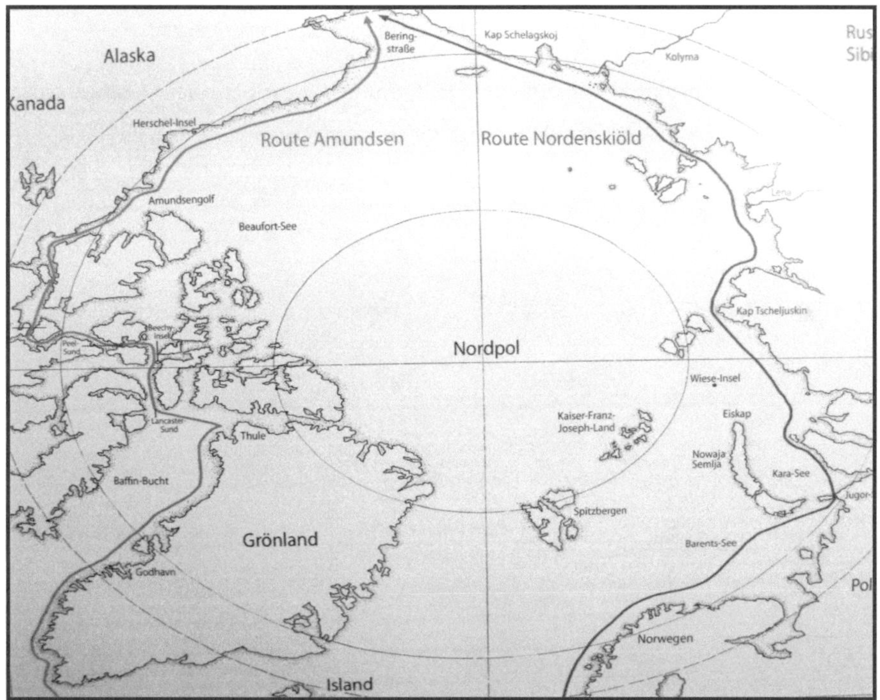

Abbildung 1 Die Route Amundsen

Quelle: Arved Fuchs „Nordwestpassage- Mythos eines Seeweges"Delius Klasing Verlag 2005

In der heutigen Zeit beginnt eine Kreuzfahrt durch die Nordwestpassage an der Westküste von Grönland. Die Häfen Nuuk und Kangerlussuag eigenen sich als Startpunkt. Die MS Bremen der Reederei Hapaq Lloyd bietet seit 2006 jedes Jahr eine 25tägige Reise durchs Eis an.

Von Nuuk aus setzt die MS Bremen nach Pont Inlet und fährt von dort aus in die kanadische Inselwelt. Eine eisfreie Passage befindet sich östlich der Prince of Wales Island. Amundsen setzte seine Route südlich der King William Island ab. Die heutige vorgesehene Route, die auch Hapag Lloyd vorschlägt, verläuft nördlich dieser Insel. Man lässt Victoria Island an Steuerbordseite und fährt in den Amundsen Golf ein. Von dort aus bieten sich Fjorde für Expeditionen und als Ankerplätze an. Zudem wird der Seeweg frei von Inseln.

Auf der Höhe von Damarcarion Point durchfährt man die Staatsgrenze zur USA Alaska. Von hier aus kann man sich bequem längs der Küste bewegen bis hin zur Beringstraße. Die MS Bremen segelt jedes Jahr bis Nome/Alaska.

Die Gesamtstrecke beträgt circa 3500 nm und kann bei einer Geschwindigkeit von durchschnittlich 10 kn in 14,5 Tagen versegelt werden.

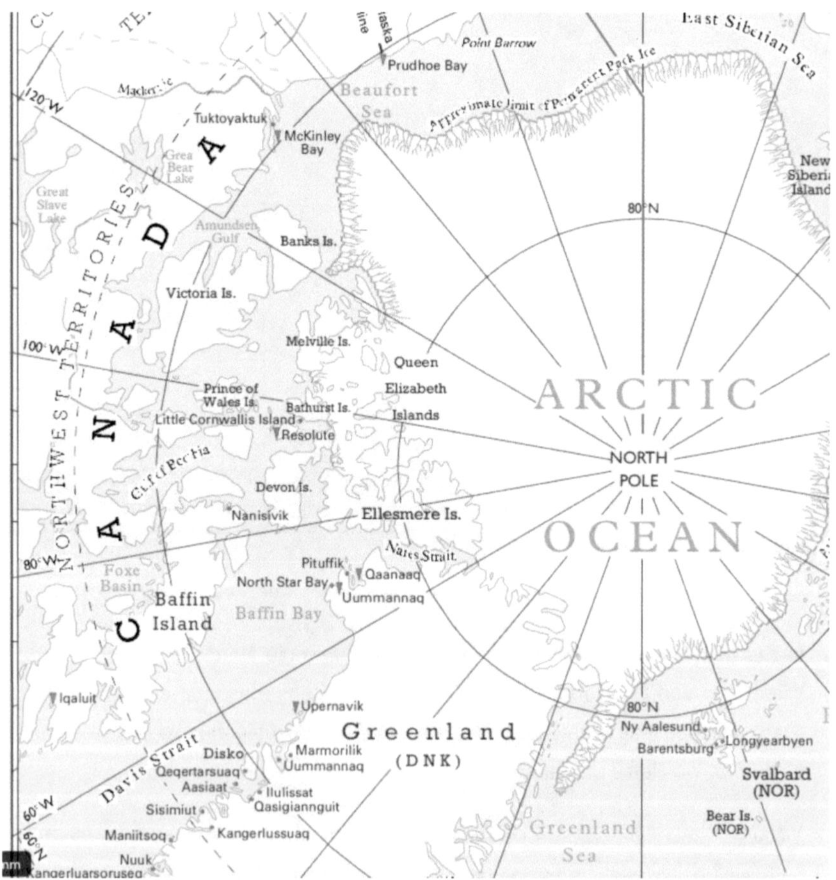

Abbildung 2 Darstellung der kanadischen Inseln in der Arktis

Quelle: Lloyd's Maritime Atlas, Lloyds Register

Karten und nautische Publikationen

Alle arktische Karten lassen sich leicht über Vertreiber von nautischen Kartenmaterial beziehen, beispielsweise **Seekarte Bremen**.

Eine Auflistung aller relevanten Karten kanadischer Küstengewässer erhält man auf Anfrage bei der kanadischen Küstenwache. Außerdem informiert diese über Eisdrift und Wettergeschehnisse in ihren Gewässern.

Die Seekarten ab dem 60. Breitengrad sind stereographisch projiziert. Das bedeutet, dass das Koordinatennetz winkel- und kreistreu zum Erdellipsoid sind. Man unterscheidet weiter in polstereographischen und azimutalen Projektionen. Bei letzterer sind die Meridiane ebenso als Kreise dargestellt. Diese Karten stellen meist große Gebiete dar und werden als Übersegler benutzt.

In den polstereographischen Karten verlaufen die Breitengrade als Kreise um den geographischen Pol und die Längen als gerade Strahlen vom Pole ausgehend gezeichnet.

Als gute Übersichtskarte erweist sich **Paperchart No 7000** herausgegeben von Fisheries and Oceans Canada. Auf dieser ist die Nordwestpassage bereits skizziert.

Als unkonventionellen Routenplaner eignet sich besonders ein Produkt von Dataloy As, Quelle: http://www.dataloy.com/

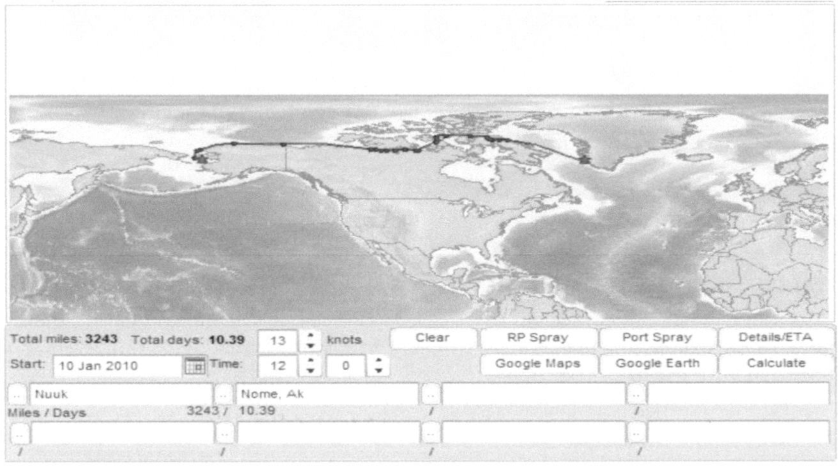

Abbildung 3 Das Dataloy Produkt

Weitere sinnvolle Publikationen sind die Arctic Pilot NP 10, NP 11, NP 12 von British Admiralty sowie unten bei **Abbildung 4** gezeigtes Exemplar von Imray, über das Lotsenwesen an den Küsten Grönlands.

Abbildung 4 Lotsendienst und Ansteuerung in Grönland

Die Beschaffung der nautischen Daten (Tide, Wetter, Eiskarten) erfolgt für Grönland und Kanada zuverlässig über die Internetportale der jeweiligen Küstenwache. Die Zuständigkeiten sind folgende:

Grönland:

Danish Maritime Safety Administration

Danish Maritime Authority

Kanada:

Canadian coast guard

Alaska:

US coast guard

Abbildung 5 Zuständigkeiten

Die eisfreie Zeit

Im Juni beginnt der arktische Sommer. Das bedeutet zwar für Tier- Pflanzenwelt mehr Licht, jedoch nicht, dass die Nordwestpassage zu jeder Zeit befahrbar bleibt. Das einzige Zeitfenster, das sich im Laufe des Jahres bietet, ist der Monat September. Die unten gezeigte **Abbildung 6** zeigt den Verlauf der Ausbreitung des Eises über jeweils ein Jahr. Deutlich ist zu erkennen, dass der 9. Monat im Jahr prädestiniert ist für eine Durchquerung.

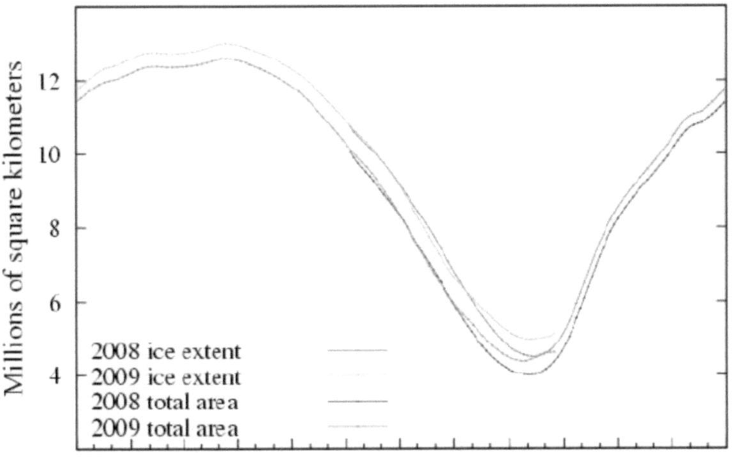

Abbildung 6 Eis Konzentration über jeweils ein Jahr

Quelle:Canadian Ice Service unter: http://ice-glaces.ec.gc.ca

Ermittelt werden die Eisdaten durch die ESA (European Space Agency). Sie hat ihren Hauptsitz in Paris und verfügt über einige Satelliten, die mit Hilfe von AMSR- E Instrumenten Eisflächen auf der Erdoberfläche erkennen. Die Erde wird mit einem Microwellenradiometer laufend mit einer Frequenz von 89 GHz gescannt. Bild- und Funkdaten werden gemeinsam in den sogenannten „sea ice maps"kombiniert und anschaulich gemacht.[3]

---

[3]Quelle: http://wwwghcc.msfc.nasa.gov/AMSR/data_products.html

Navigation durchs Eis

Die Navigation durchs Eis sollte von hierfür ausgebildetem Schiffspersonal verantwortet werden. Ein Standardwerk zu dem Thema existiert bereits, geschrieben von der DNV (Det Norske Veritas).[4]

Interessanter ist jedoch die Fragestellung wie die praktische Navigation funktionieren kann. Im arktischen Sommer geht die Sonne nicht unter, der Magnetkompass arbeitet nicht wie gewohnt durch die Nähe zum magnetischen Nordpol.

Die kanadische Küstenwache fordert für eine sichere Navigation zwei unabhängige Kreiselkompanden. Außerdem ist es möglich aufs GPS zurückzugreifen. Eine besondere Bedeutung nimmt das Echolot ein. Obwohl sich die Nordwestpassage fast ausschließlich innerhalb der 200m Tiefenlinie befindet (vgl. Chart 7000, Fisheries and Oceans Canada), benötigt man das Echolot zum Ankern.

Packeisdrift, Schneestürme und unerwartete Eisbildung können die Weiterfahrt verhindern. Es gibt keine größeren Häfen auf der Strecke zwischen den kanadischen Inseln.

---

[4] Vgl.: http://www.dnv.de/

Impressionen einer möglichen Kreuzfahrt

Nuuk

Abbildung 7: http://www.panoramio.com/photo/3627263

Pond Inlet

Abbildung 8: http://en.wikipedia.org/wiki/File:Pond_Inlet_Catholic_Church_1997-08-12.jpg

Abbildungsverzeichnis

Quellen

http://www.ccg-gcc.gc.ca/   abgerufen am 10.01.2010

http://www.sjofartsverket.se/templates/SFVXPage   5548.aspx

Lloyd's Maritime Atlas, Lloyds Register 2005

http://wwwghcc.msfc.nasa.gov/AMSR/data_products.html   http://www.dataloy.com/

Arved Fuchs „Nordwestpassage- Mythos eines Seeweges „Delius Klasing Verlag 2005

www.wetterzentrale.de

http://www.dnv.de/

Canadian Ice Service unter: http://ice-glaces.ec.gc.ca

Vertrieb Seekarte Bremen: Korffsdeich 3, 28217 Bremen

BEI GRIN MACHT SICH IHR WISSEN BEZAHLT

- Wir veröffentlichen Ihre Hausarbeit,
  Bachelor- und Masterarbeit

- Ihr eigenes eBook und Buch -
  weltweit in allen wichtigen Shops

- Verdienen Sie an jedem Verkauf

Jetzt bei www.GRIN.com hochladen
und kostenlos publizieren